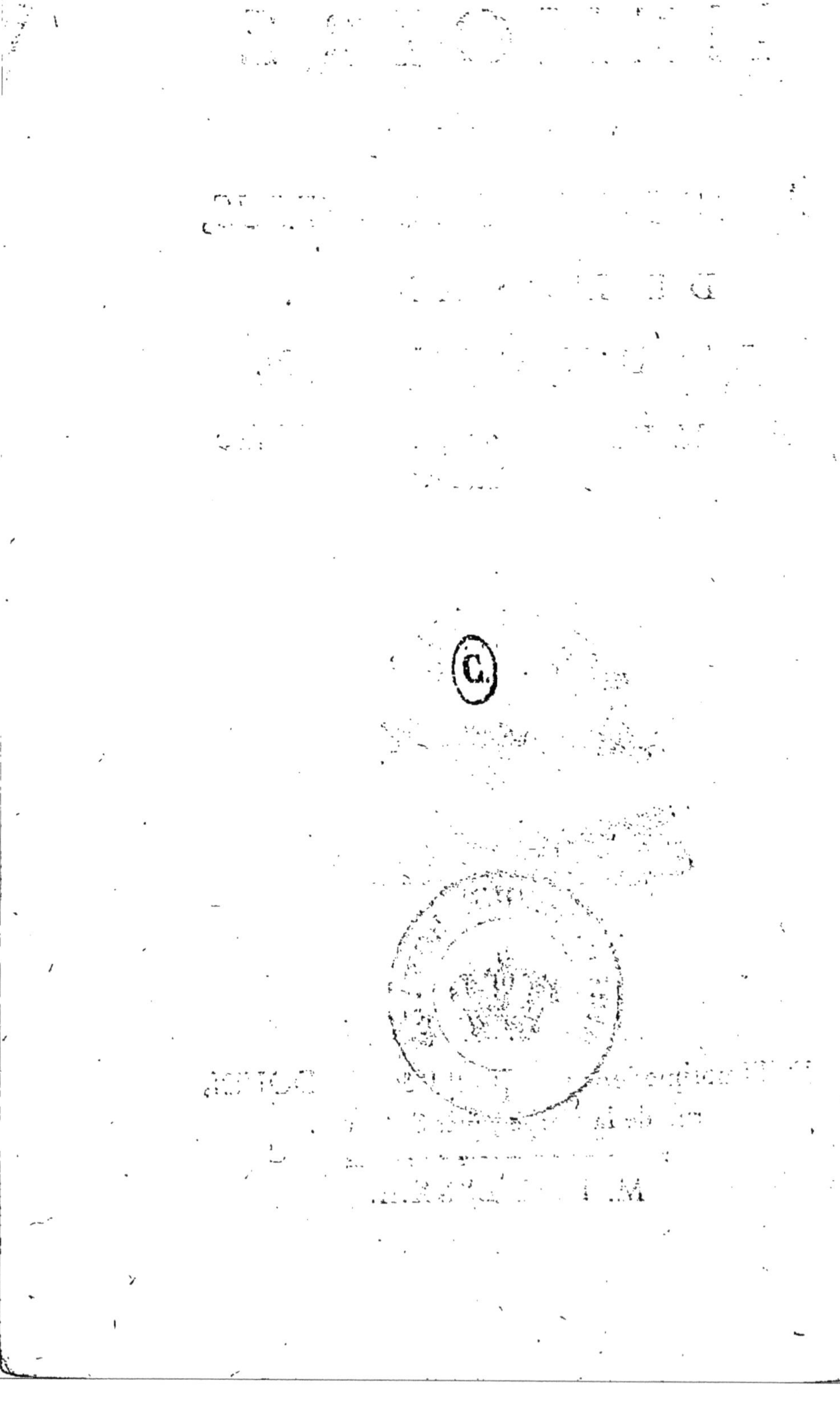

MÉMOIRE

SUR LES

ACIDES NATIFS DU VERJUS, DE L'ORANGE, ET DU CITRON.

PAR M. DUBUISSON, *ancien Maître Distillateur.*

A PARIS,

De l'Imprimerie de LAMBERT & BAUDOUIN, rue de la Harpe, près S. Côme.

M. DCC. LXXXIII.

AVANT-PROPOS.

LE favorable accueil que le Public a fait à mon Art du Diſtillateur, auroit été plus que ſuffiſant, ſi je n'avois eu d'autres vûes que celles de ſatisfaire mon amour-propre; mais des ſentimens infiniment ſupérieurs à ceux-ci, m'ont excité à faire de nouvelles Expériences ſur les ſucs exprimés des végétaux, parce que j'étois non-ſeulement perſuadé qu'il y a plus d'analogie entre nous & cette claſſe, qu'il n'y en a entre nous & les minéraux ; mais encore, que ſi je parvenois à rendre ces ſucs incorruptibles, de manière à ſupporter les voyages de long-cours, ils ſeroient d'un très-grand ſecours dans la guériſon des maladies qui affligent preſque tous les hommes qui ſe ſont deſtinés au ſervice de la Marine.

J'ai ſoumis les produits de ces mêmes expériences à l'examen de tous les Médecins de cette Capitale, parce que ces Savans ſont les ſeuls Juges compétens des vertus médicinales qu'on peut attribuer aux différens produits chimiques. D'ailleurs, l'univerſalité des ſuffrages étoit le ſeul moyen qui pût me faire continuer un travail qui exigeroit des facultés plus étendues que celles d'un septuagénaire.

Je m'étois d'abord proposé de finir la classe des fruits qui doivent former le premier supplément à mon Art du Distillateur, avant de rendre mes Acides publics, mais cet Ouvrage auroit laissé beaucoup à desirer, ainsi qu'on le verra par les différens articles du Mémoire ci-après, que j'ai présenté à la Faculté & à la Société Royale de Médecine (1).

(1) Le 2 Juin 1783.

Ce Supplément se distribuera gratis dans la maison de l'Auteur, Boulevard du Mont Parnasse, à tous ceux qui représenteront leur exemplaire de l'Art du Distillateur. A l'égard des exemplaires qui ont passé en Province, l'Auteur fera tenir ce Supplément à l'adresse qui lui sera indiquée par les propriétaires des exemplaires de l'Art du Distillateur, en affranchissant les Lettres.

MÉMOIRE

SUR LES ACIDES NATIFS DU VERJUS, DE L'ORANGE ET DU CITRON.

A Messieurs les DOYEN *&* DOCTEURS-RÉGENS *de la Faculté de Médecine en l'Université de Paris.*

MESSIEURS,

Vos savans prédécesseurs ont éprouvé comme vous, que dans la multitude des végétaux répandus sur la surface de la terre, pour la guérison des maladies qui affligent l'humanité, il y en a une infinité qui doivent être administrés tels, pour ainsi dire, que la nature les produit, parce que le moindre degré d'altération qu'on leur feroit subir, anéantiroit la partie de leurs vertus la plus précieuse & la plus considérable.

Vous avez rangé les sucs des plantes & des fruits dans cette classe particulière des végétaux, parce que vous avez reconnu que les liens qui unissent les principes actifs de ces sucs sont si foibles, qu'un degré de chaleur assez léger en détruit presqu'entièrement les vertus médicinales.

Les Philosophes de tous les siècles ont desiré, comme vous, Messieurs, que ces trésors de la Nature leur fussent ouverts toutes les saisons de l'année, parce que ces Savans avoient remarqué que la dessication des Plantes, ainsi que la chaleur qui convertit les sucs des fruits en sirops pour les conserver, occasionnoient l'évaporation des parties les plus mobiles & les plus efficaces de ces préparations.

Par le simple exposé que je donne ici de votre doctrine, il vous est facile, Messieurs, non-seulement d'appercevoir les motifs qui ont déterminé les nouvelles expériences que j'ai faites, afin de conserver les sucs de cette classe des végétaux, mais encore ceux qui me portent à réclamer vos lumières sur les produits qui font partie des fruits, que je ne continuerai de traiter qu'autant que vous voudrez bien confirmer les idées d'utilité publique qui m'ont excité à entreprendre des opérations qui, sans ce motif puissant, auroient été fort au-dessous de mes facultés.

Les sucs du Verjus, des Citrons & des Oranges, que je soumets à votre jugement, sont les seules substances que j'aie traitées en grand, parce qu'ils sont d'un usage plus journalier & plus médicinal; si vous daignez examiner ces trois espèces de liquides, vous estimerez vraisemblablement, Messieurs, que *j'ai trouvé non-seulement l'art de conserver l'odeur & la saveur naturelles de ces fruits*, mais encore celui de les purifier de manière à les rendre incorruptibles; j'ai du moins l'honneur de vous assurer que ceux-ci ont été conservés pendant les années 1781 & 1782, dans un lieu où le thermomètre n'a varié que depuis le tempéré jusqu'au 25e degré de chaleur; j'ai encore celui de vous observer, Messieurs, que les produits des expériences que j'avois faites dans le courant des mois de Juin & Juillet de l'année 1779, sur les sucs des Fraises, des Cerises, des Groseilles, du Verjus, des Mûres, des Oranges & des Citrons, que ces différens sucs, dis-je, n'ont pas même encore actuellement éprouvé d'altération sensible.

J'ai aromatisé l'acide du Verjus avec l'huile essentielle que j'ai tirée, par le moyen de l'infusion, des pétales de la fleur d'Orange, ainsi qu'avec celles de Sureau, parce que j'ai présumé que ces substances aromatiques communiqueroient des vertus particulières à cet acide, qui eſt ſuſceptible de ſe charger de toute autre partie aromatique : d'ailleurs, l'acide du Verjus purifié & ſans odeur, tel que celui que je ſoumets, Meſſieurs, à votre examen, paroît convenir davantage à l'économie animale, que les acides minéraux.

J'appelle ces liqueurs *acides natifs*, parce qu'elles ſont dépourvues de tous corps hétérogènes, & que l'acide univerſel qui circule dans l'atmoſphère, ſe modifie dans chaque fruit, de manière que l'odeur & la ſaveur des ſucs qu'on en exprime ſe manifeſtent ſenſiblement, & conſervent toujours un caractère particulier à chacun d'eux.

J'ai encore l'honneur de vous obſerver, Meſſieurs, que quand j'exécutai les premières expériences ſur les fruits dont eſt queſtion ci-deſſus, je traçai en même-tems tous mes procédés ſur le papier, dans l'intention de vous rendre raiſon des moyens dont j'avois fait uſage ; mais les nouvelles connoiſſances que je me flatte d'avoir acquiſes par des expériences réitérées & multipliées ſur les trois différentes eſpèces d'acides qui ſont ſous vos yeux, me mettent encore aujourd'hui dans l'impoſſibilité de vous rendre un compte exact des phénomènes qui accompagnent ces opérations, parce qu'il feroit non-feulement effentiel que ces phénomènes fuffent conftatés ultérieurement par plufieurs autres expériences, mais encore de déterminer, autant qu'il feroit poffible, les quantités proportionnelles des différens ingrédiens qui entrent dans la compofition de ces fruits : car les analyfes qu'on en a fait jufqu'à préfent, ne nous donnent que des idées imparfaites fur la nature des parties conftituantes de ces compofés : or, comme de nouvelles connoiffances fur ces objets pourroient fervir à établir un autre point de doctrine fur cette matière, ce n'eft que du tems, des expériences multipliées, & d'une fuite d'obfervations bien faites, que j'ofe attendre cette révolution. Je crois cependant pouvoir établir, dès à-préfent, que tous les fucs des fruits que j'ai traités, contiennent une plus ou moins grande quantité de cette même *matière glutineufe*, qui fait partie des graminés farineux ; que cette fubftance glutineufe ne fe fépare du fuc des fruits, que quand ce liquide a été dépouillé de la quantité furabondante d'eau de *nutrition* qui la tenoit en diffolution ; & qu'étant une fois féparée de ces liqueurs, l'art ne nous offre aucun moyen capable de l'y rétablir avec cette homogénéité que le ſeul mouvement de la végétation avoit produit.

Le ſuc d'oranges que vous avez à examiner, Meſſieurs, nous a préſenté un phénomène qui mérite d'autant plus d'attention, que s'il ſe trouvoit bien conſtaté, l'axiôme reçu en phyſique (point de mouvement ſans chaleur) ne ſeroit plus applicable à tous les corps de la nature; mais comme un ſeul fait ne doit point faire loi en phyſique, je m'abſtiens, quant à préſent, de tirer les conſéquences que ce même fait ſembleroit pouvoir autoriſer. Je vous rendrai ſimplement compte de la manière dont j'ai traité ce fruit, & des effets qui en ont été ſucceſſivement le réſultat, pendant trois ſemaines que j'ai employées à la manipulation & à l'expreſſion de deux mille oranges que j'avois choiſies pour mes opérations, mais dont je ne donne ici pour exemple que le ſuc exprimé de cent de ces mêmes oranges, comme le produit & le réſultat particulier d'un jour entier de travail continuel & opiniâtre.

Je commençai cette première opération le 20 Janvier de l'année 1781, comme il ſuit.... Je verſai d'abord une pinte de *mon acide natif de verjus*, dans un vaiſſeau de grès, sur lequel je suspendis un quarré de glace élevé à un pouce de distance de cet acide, & dans un plan incliné.... J'enlevai d'abord par petites lames très-minces, l'écorce jaune à cinq des oranges que j'avois destinées à l'opération, puis j'exprimai ces parties d'écorces entre les deux pouces & les index, à une ligne de distance de la glace, & de manière à rompre toutes les vésicules qui renferment les globules huileux résidans dans l'écorce de ce fruit. (*a*)

J'enlevai les écorces de cinq autres oranges; j'exprimai, comme ci-devant, & ainsi de suite, jusqu'à ce que j'eusse dépouillé la moitié des oranges destinées à l'opération : alors je détachai les molécules huileuses adhérentes à la glace, & je transvasai mon acide aromatique dans un caraffon de pinte, pour en user comme je le dirai dans la suite.... Je coupai transversalement en deux parties toutes les oranges que j'avois préparées; puis je disposai un grand tamis de crin sur un autre vaisseau de grès,

(*a*) Ces vésicules, ainsi que celles des écorces des fruits analogues à celui-ci, renferment deux espèces d'huile, qui diffèrent, tant par leur couleur, leur odeur & leur saveur, que par leur dissolubilité.

& j'exprimai chacune de ces moitiés de fruits. L'opération étant finie, je mesurai, & je trouvai que toutes ces parties d'oranges avoient produit huit pintes de liquide.... Je plaçai le vaisseau de grès qui contenoit cette liqueur, dans un bain-marie que je chauffai, & que j'entretins dans un degré de chaleur convenable, jusqu'à la réduction de quatre pintes; lorsque l'évaporation fut établie convenablement, je remarquai que la substance muqueuse se rassembloit sur la superficie du liquide: or, comme je présumai que cette substance communiqueroit un ton plus savoureux à ma liqueur, je l'agitai avec une cuillier d'argent, & l'incorporai si bien, que le tout ne formoit plus qu'un composé homogène, qui avoit acquis la consistance de syrop.... Je retirai le vaisseau du feu, je l'exposai pendant huit heures dans un air libre, & je divisai cette espèce de syrop avec une pinte de mon acide natif de verjus; puis je versai le tout dans un grand vaisseau de verre, que je bouchai avec le liége le plus compact. Je laissai reposer pendant huit jours; je soutirai environ la moitié de cette liqueur par inclinaison, & je versai une seconde pinte de mon acide de verjus ſur la matière qui s'étoit précipitée au fond du vaiſſeau; j'agitai fortement ce liquide à pluſieurs repriſes, & pendant trois jours; puis j'ajoutai la pinte du verjus que j'avois aromatiſé avec l'huile eſſentielle des écorces d'oranges ci-deſſus; j'agitai encore ce liquide comme ci-devant, & je laiſſai repoſer pendant quatre jours, c'eſt-à-dire, juſqu'au 8 Février, que je débouchai le vaiſſeau, à deſſein de m'aſſurer ſi mon ſuc d'oranges avoit conſervé l'odeur & la ſaveur naturelles de ſon fruit. Je trouvai non-ſeulement ce que je déſirois, mais encore un autre effet que je n'avois pas même ſoupçonné. Au même inſtant où le vaiſſeau fut ouvert, il ſe fit une ébullition très-conſidérable, qui ſe ſoutint pendant environ deux minutes avec la même violence.... Je me croirois d'autant mieux fondé à attribuer ce mouvement aux particules d'air qui ſe dégageoient du marc, que, ſi-tôt que j'eus enlevé le bouchon du vaiſſeau, ce dépôt s'éleva avec une rapidité ſurprenante, & les particules d'air qui y étoient comme empriſonnées, ſe dégagèrent avec ſifflement, & produiſirent cette ébullition, dont il n'a cependant réſulté aucun gonflement remarquable.... Ce qui ſembleroit pouvoir confirmer ce sentiment, c'est que la liqueur que j'avois soutirée comme il a été dit, ne m'a pas présenté le même phénomène ; parce que celle-ci ne contenoit plus que des particules extractives & terreuses, qui ne renfermoient elles-mêmes qu'une très-petite quantité d'air.... Je mêlai ces deux liqueurs ensemble, & je versai le tout dans un plus grand vaisseau de verre, à l'effet de laisser un plus grand espace aux bulles d'air qui se dégageoient du liquide ; j'agitai ce mélange ; & je remarquai que le marc le plus grossier se précipitoit d'abord au fond du vaisseau, & que la liqueur conservoit néanmoins sa couleur laiteuse.... Enfin, le 10 du même mois de Février, le suc d'oranges ayant paru disposé à produire les mêmes effets que ci-devant, je crus devoir m'assurer si l'ébullition qui avoit eu lieu jusqu'alors, étoit accompagnée de chaleur : pour cet effet, j'enlevai de la main gauche le bouchon du vaisseau, & je plongeai précipitamment un thermomètre dans ce liquide, qui produisit la même ébullition, sans qu'il en résultât le moindre degré de chaleur sensible.... Vingt-quatre heures après, je plongeai encore le thermomètre dans ma liqueur, qui montra les mêmes phénomènes que la veille, sans la moindre variation dans le thermomètre, & sans aucune altération dans l'odeur, ni la saveur de mon mélange. Or, comme les effets du suc d'oranges résultant de dix-neuf opérations subséquentes, ont été les mêmes, nous pourrions en conclure que la nature produit des corps susceptibles de se mouvoir très-rapidement, sans aucun degré de chaleur notable, & que notre liqueur ne devoit la rapidité de son mouvement qu'au seul dégagement de l'air. Mais comme les phénomènes que présentent les végétaux ne sont pas toujours les mêmes, & que nos opérations ont été exécutées sur le fruit de la même récolte, & dans la même atmosphère, vous estimerez vraisemblablement, Messieurs, que des effets aussi surprenans doivent être constatés par d'autres expériences sur des fruits de différentes récoltes, & sous une atmosphère différente : car j'ai remarqué que les corpuscules qui circulent dans l'air, avoient quelqu'influence sur les opérations qui s'exécutent à l'air libre; (*a*)

(*a*) Comme ce n'est point ici le moment de rendre raison de nos observations sur les effets particuliers de cet élément, nous y reviendrons en temps & lieu.

vous en trouverez la preuve dans l'acide du verjus de 1782.

Nous obſervons encore, qu'en raiſon de ce qu'il ſe raſſembloit ſur la ſuperficie de notre ſuc d'oranges, des globules de matière blanche, ſans odeur, dont la ſaveur & la conſiſtance reſſembloient à celle de la crême douce, la couleur laiteuſe que notre liquide avoit conſervé juſqu'alors, contractoit plus d'opacité, & en proportion de l'augmentation de cette matière blanche, une partie de la ſubſtance glutineuſe, les particules de tartre fixe, la matière extractive & la terre qui ſe trouvoient encore mêlées avec notre ſuc d'oranges, ſe précipitoient au fond du vaiſſeau.... Ces mouvemens de dépuration, qui ne s'étoient manifeſtés ſenſiblement qu'au mois de Mai ſuivant, nous ont paru ſe ſoutenir juſqu'au mois de Décembre de la même année; & à meſure que cette liqueur ſe débarraſſoit de ces corps hétérogènes, elle acquéroit non-ſeulement plus de limpidité, mais ſa couleur prenoit encore une teinte plus orangée... Enfin, le 10 Janvier de l'année 1782, *notre acide natif* d'oranges ayant acquis tous les degrés de pureté néceſſaires, je ſoutirai & je conſervai cette liqueur dans le le même lieu dont il a été question, ainsi que les acides du citron & du verjus, simples & aromatisés; & pour m'assurer si ces liqueurs soutiendroient également les rigueurs de la saison de l'hiver, j'en exposai une partie sur les balcons de mes croisées, & je la laissai depuis le 12 Novembre jusqu'à la fin de Février dernier, sans qu'elle éprouvât aucun degré d'altération.

Si, d'après l'examen de ces différentes liqueurs, j'étois assez heureux, Messieurs, pour que vous estimassiez que j'ai trouvé l'art de conserver à chacune d'elles l'odeur & la saveur naturelles du fruit, il semble que votre approbation à cet égard me donneroit tout lieu d'espérer qu'on pourroit attribuer à ces liquides, non-seulement toutes les vertus médicinales que nos célèbres Médecins ont assignées aux sucs récemment exprimés des fruits, mais encore que le degré de simplicité de ceux-ci devroit leur faire mériter la préférence; si cela arrivoit ainsi, je rendrois graces à l'Auteur de toute intelligence, de ce qu'il auroit bien voulu donner assez d'extension à mes foibles lumières, pour me faire éprouver l'agréable sensation d'être utile aux hommes.

Par ce qui a été dit sur ce sujet, vous

voyez, Messieurs, que le suc d'oranges contient, ainsi que ceux des autres fruits que j'ai traités, *deux différentes espèces d'huile aromatique, qui se manifestent sensiblement, une plus ou moins grande quantité de matière glutineuse, du sel alkali-fixe, dont une partie nous paroît avoir été neutralisée par l'acide du fruit, de la matière féculente, du mucilage, de la matière extractive & de la terre.* Que la majeure partie de ces différentes substances ne se sépare totalement de ces liqueurs que quand elles ont été dépouillées de leur quantité d'eau de végétation qui tenoit ces corps hétérogènes en dissolution. Que ces différentes matières étant une fois séparées de ces liqueurs, l'art ne nous offre aucun moyen capable de rétablir l'homogénéité de ces substances que le seul mouvement de la végétation avoit réunies.

Vous observerez encore, Messieurs, indépendamment du phénomène que nous avons à vérifier sur le suc d'oranges, combien il seroit intéressant de connoître, non-seulement les quantités proportionnelles des différens ingrédiens qui font parties des fruits, mais aussi pourquoi quelques-uns de ces ingrédiens ne se séparent pas uniformément des sucs qu'on en exprime ; pourquoi, par exemple, toute la *matière glutineuse* qui se sépare du suc de verjus, se rassemble-t-elle sur la superficie de cette liqueur, tandis qu'un partie de la *matière glutineuse* du suc d'oranges, & de quelques autres fruits, se précipite au fond du vaisseau avec les matières hétérogènes ?

Voilà, ce me semble, des phénomènes qui méritent d'autant plus d'attention, que, si l'on en découvroit la cause, il en résulteroit peut-être d'autres lumières qui jetteroient un plus grand jour sur la nature des liens qui entrent dans la composition des différens principes des mixtes. . . . Comme ces Observations entrent dans le plan que je me suis proposé ; si je suis assez heureux pour acquérir quelques nouvelles connoissances sur cette matière ; elles seront partie de celles qui doivent former le premier supplément à mon *Art du Distillateur*, que je soumettrai aux lumières de votre savante Compagnie, sitôt que j'aurai traité avec plus d'attention encore, & plus en grand, les différentes espèces de fruits que je n'ai encore manipulés qu'en petite quantité; mais j'ai déjà eu l'honneur de vous observer, Messieurs, que je ne porterois cet Ouvrage au degré de perfection dont il me paroît ſuſceptible, qu'autant que vous eſtimerez que les boiſſons préparées avec nos acides, peuvent produire des effets plus ſalutaires, que ceux des boiſſons qu'on prépare avec les ſyrops de fruits, les vinaigres purs ou aromatiſés, & les acides minéraux; qu'elles ont la faculté de diviſer & faciliter la digeſtion des huiles animales, de ſe diſtribuer plus uniformément à toutes les parties organiques du corps humain, & de communiquer une ſaveur plus agréable aux alimens médicamenteux, dans leſquels on peut les faire entrer de préférence à tous autres acides.

Enfin, j'ai l'honneur de vous aſſurer, Meſſieurs, qu'au moyen du degré de concentration & de purification que j'ai fait ſubir à ces acides, ils réuniſſent non-ſeulement l'avantage de ſe conſerver ſous un hémiſphère dans lequel l'air ſeroit échauffé juſqu'au quarantième degré (1), mais encore

(1) Obſervez toutefois, non-ſeulement de tenir le vaiſſeau bien bouché, mais encore d'agiter fortement la liqueur, lorſque le vaiſſeau eſt en vuidange; car ſi l'on négligeoit ces conditions, il arriveroit que l'humidité qui s'exhale de ces acides, ſe réuniroit à celle de la colonne

celui de pouvoir être préparés en boissons à volonté, plus commodément & à un prix aussi modéré qu'avec les fruits nouveaux, de manière que les Habitans des Provinces éloignées, ainsi que les Voyageurs, auront également la facilité de se procurer l'usage de ces boissons, qu'on peut étendre dans l'eau, & édulcorer avec le sucre, suivant le desir du Médecin, ou suivant la formule ci-après, que nous appliquerons sur chacun des caraffons qui contiendront ces Acides.

(Versez une partie d'Acide du Verjus dans douze ou dix-huit parties d'eau bien pure ; faites-y dissoudre la quantité suffisante de sucre (1) ;

---

d'air qui remplit le vuide du vaisseau, de manière que dans l'espace de quatre ou cinq jours, il seroit possible que la superficie de ces liquides se couvrît d'une pellicule blanche, qui se convertiroit en moisissure dans l'espace de huit à dix jours; mais cet inconvénient ne peut avoir lieu lorsqu'on agite ces liqueurs, comme il a été dit, parce que par le mouvement elles absorbent l'humidité qui produit cette moisissure.

(1) La Limonade ordinaire, composée avec le fruit, contracte une saveur désagréable vingt-quatre heures après la composition, au lieu que celle-ci conserve toute sa vertu pendant quatre ou cinq jours.

Versez une partie d'acide du Citron dans dix ou douze parties d'eau sucré.

Versez une partie d'acide d'Orange dans huit ou douze parties d'eau sucrée.

A l'égard des expériences qui doivent tendre à conserver les sucs des Plantes médicinales, je ne m'en occuperai sérieusement que quand j'aurai terminé celles qui me restent à faire en grand sur les sucs des fruits, que je n'ai traité jusqu'à-présent qu'en petite quantité.

RAPPORT

SUR les Acides natifs de M. DUBUISSON*, lu à la Faculté de Médecine, le premier Août 1783.*

MONSIEUR LE DOYEN,

MESSIEURS,

VOUS nous avez chargés d'examiner un Mémoire du sieur Dubuisson, sur une manière de préparer les sucs exprimés des fruits, pour pouvoir être conservés long-temps avec les qualités aromatiques & savoureuses qui leur sont particulières, & principalement un échantillon de quelques sucs préparés suivant le procédé qui fait la base de ce Mémoire ; nous avons soumis chacun de ces objets à un examen très-réfléchi, dont voici le résultat.

On nous a présenté pour exemple le suc du Verjus simple & aromatisé, le suc du Citron & celui de l'Orange. Ces liqueurs sont toutes limpides, d'une saveur aigre, acerbe même; mais nous nous sommes assurés par des expériences, & en particulier par la solution du sel muriatique à base de terre pesante, que ces trois acides, tout forts qu'ils sont, n'ont pas été faits ni même aiguisés par l'acide vitriolique. Le suc du Citron & celui de l'Orange conservent l'aromate qui est propre au Citron & à l'Orange. L'aromate de fleurs d'Orange & de fleurs de Sureau, sur-tout ajouté au suc du Verjus, y produisent un très-bon effet; l'acide du Verjus nous à paru l'emporter en force sur les deux autres. Tous trois mêlés avec de l'eau & suffisamment édulcorés par le sucre, forment des boissons très-agréables, sans laisser aucun mauvais rapport après eux. Nous avons remarqué que dix-huit parties d'eau aiguisées par une partie du suc appelé par l'Auteur acide natif du Verjus, pur & édulcoré avec la quantité de sucre nécessaire, formoient une boisson suffisamment acidulée & très-agréable à boire.

S'il nous est libre d'en croire à la parole du sieur Dubuisson, ces sucs ont environ deux ans de garde, & n'ont rien perdu; nous ne doutons pas qu'au moyen de certaines précautions énoncées dans son Mémoire, ils ne soient en état d'être gardés encore autant de temps, qu'ils ne puissent même supporter le transport dans des voyages de long cours. De tels sucs pourront en tout lieu, & en toute saison, être d'une grande ressource dans la pratique de Médecine, car nous sommes assez souvent embarrassés pour procurer des boissons salutaires & agréables tout-à-la-fois, surtout dans les maladies aiguës.

Le travail du sieur Dubuisson nous a paru être le résultat d'expériences tentées avec une sagacité, une exactitude, une patience qui méritent d'autant plus d'être encouragées, que l'Auteur n'a épargné ni soins, ni dépenses pour le rendre utile. Quant au Mémoire, sans le soumettre à aucune discussion, sans rien adopter ni rejeter des vûes théoriques que l'Auteur y a semées, nous observerons cependant qu'il contient des détails importans capables de conduire à des découvertes qui pourront contribuer beaucoup par la suite à completter l'analyse des substances appartenantes au règne végétal. Nous voyons avec satisfaction que c'est une suite des travaux dont l'Auteur a donné un essai important dans son Art du Distillateur, ouvrage utile que nous l'exhortons à continuer, ainsi qu'il nous le fait espérer dans son Mémoire. Du reste, nous estimons que les procédés dont nous venons de rendre compte, méritent l'Approbation de la Faculté.

Signés, DUHAUME, D'ARCET, BOURRU, NOLLAN, PAULET, DE LA PLANCHE, DOUBLET.

DÉCRET.

AUJOURD'HUI premier jour du mois d'Août de l'année mil sept cent quatre-vingt-trois. Oui le Rapport de Messieurs Duhaume, d'Arcet, Bourru, Nollan, Paulet, de la Planche & Doublet, concernant un procédé du sieur DUBUISSON, ancien Maître Distillateur, pour dépurer les sucs des fruits, & les mettre en état de se conserver long temps, sans rien perdre du parfum & de la saveur qui leur sont particulières.

La Faculté approuve le procédé de l'Auteur ; elle estime que les sucs préparés ainsi, seront d'une ressource précieuse en santé & dans le traitement des Maladies. Très satisfaite du zèle, de la patience & de l'exactitude que l'Auteur a portés dans ce travail pour le rendre utile, elle l'engage à lui donner toute la ſuite & toute l'extenſion dont il eſt ſuſceptible.

ET J'AI CONCLU : *A Paris, aux Écoles, ce vendredi premier Août, mil ſept cent quatre-vingt-trois.*

Signé, POURFOUR DU PETIT, *Doyen de la Faculté de Médecine de Paris.*

EXTRAIT

Des Registres de la Société Royale de Médecine.

Séance du 8 Juillet 1783.

La Société nous a chargés d'examiner un Mémoire de M. Dubuisson, sur un procédé propre à purifier les sucs des végétaux-acides, & à les rendre inaltérables.

M. Dubuisson, qui s'est toujours occupé avec beaucoup de soin & d'intelligence de la perfection de l'Art du Limonadier-Distillateur, n'a pas cru devoir s'arrêter, après avoir quitté l'exercice public de cet Art ; il a poursuivi ses recherches, & il les a même étendues sur des objets que des occupations multipliées & sans cesse renaissantes ne lui avoient pas permis de suivre. C'est une partie du fruit de ces recherches que ce Citoyen estimable soumet au jugement de la Société, & dont elle nous a chargés de lui rendre compte.

Il a senti combien il seroit avantageux d'obtenir les sucs acides des végétaux dans un état de concentration & de pureté assez considérables pour n'être plus susceptibles des altérations que la chaleur & le temps sont capables d'y porter. Déjà plusieurs Chimistes & plusieurs Médecins s'étoient occupés de cet objet : les Docteurs Wilcke, Salberq, Georgius, Collin & Bergius sont parvenus à rendre les sucs acides des végétaux propres à être conservés ; mais ils ont, pour la plupart, employé la congellation. M. Dubuisson s'est servi d'un moyen entièrement opposé : une évaporation, conduite avec beaucoup de ménagement, a suffi à cet Artiste pour concentrer les sucs de Citron, d'Orange & de Verjus, & pour en séparer les différens principes qui, conservés dans ces sucs, auroient immanquablement produit leur altération par le mouvement fermentatif qu'ils sont susceptibles de prendre.

Les sucs préparés de cette manière, que M. Dubuisson nous a remis, nous ont paru avoir toutes les qualités qu'il a annoncées. Il nous a assuré qu'il les conservoit depuis l'année 1781, & que ni le froid de l'hiver de nos climats, ni une chaleur de 40 degrés ne seroient capables de les altérer.

M. Dubuisson prie la Société de prononcer sur cette question : Si les Boissons préparées avec ces acides, produiront des effets plus salutaires que celles que donnent les syrops, les vinaigres, les acides minéraux. On pourroit croire que ces sucs, purifiés des matières végétales extractives, tartareuse, féculente & glutineuse même, que cet Artiste dit y avoir trouvées, doivent avoir les propriétés des acides dans un dégré plus énergique; mais quelque bien fondée que paroisse cette théorie, nous croyons qu'il faut en appeler à l'expérience.

Nous pensons donc que les recherches dont nous venons de rendre compte sont utiles, & qu'elles procureront surtout l'avantage de fournir des Boissons végétales, rafraîchissantes, anti-septiques & anti-scorbutiques, à un prix très-modique, & surtout dans des temps & dans des circonstances où l'on manque communément de ces préparations.

Signés, CAILLE, DEFOURCROY.

Je certifie le présent Extrait conforme à l'Original, contenu dans les Registres de la Société Royale de Médecine, & au jugement de cette Compagnie.

VICQ D'AZYR, *Secrétaire-Perpétuel.*

APPROBATION.

J'Ai lu, par ordre de Mgr le Garde des Sceaux, un manuſcrit intitulé : *Mémoire ſur les Acides natifs du Verjus, de l'Orange & du Citron, faiſant ſuite de l'Art du Diſtillateur ; par M. Dubuiſſon, ancien Limonadier.* Ce Mémoire m'a paru contenir un procédé fort bon pour la conſervation des ſucs acides des Végétaux, & je le juge digne d'être imprimé. A Paris, ce 12 Novembre 1783. MACQUER.

www.ingramcontent.com/pod-product-compliance
Ingram Content Group UK Ltd.
Pitfield, Milton Keynes, MK11 3LW, UK
UKHW012125240726
13965UKWH00005B/1987

9 782013 092647